鉄に生きる

サスティナブルメタル　電気炉製鋼の世界

山崎エリナ

グッドブックス

地球の誕生、生命の進化、人類の歴史とともに

ビッグバンののち、宇宙形成の過程で、最も安定した元素・鉄が生まれました。
鉄は、地球の誕生に深く関わり、さらに生命の起源や進化に大きな影響を与えながら、人類に文明をももたらしました。
紀元前15世紀にヒッタイト王国（現在のトルコ周辺）で生まれた製鉄技術は、5、6世紀ごろ我が国に伝わっています。たたら製鉄で有名な奥出雲地方は、古事記や日本書紀の神話に登場するスサノオノミコトがヤマタノオロチを退治した舞台でもあり、この物語そのものが、たたら製鉄を暗喩《あんゆ》したものだとの説もあるほどです。
その後の鉄鋼技術の進歩によって、鉄は国の産業を支え、さまざまな道具や構造物、乗物、機械に姿を変えて、私たちに快適で便利な日常を提供しつづけています。

持続可能な金属、鉄　その永遠の循環を担う電気炉製鋼

日本人１人あたりの鉄鋼の消費量は約500キロという試算があります。しかし、そのほとんどがコンクリートや外壁材に覆《おお》われていて、目にすることはあまりありません。目には見えないけれど、鉄はビルやマンションといった建築物や、橋の橋脚やトンネルといった構造物の中に存在して、私たちの生活や安全を確保してくれているのです。
安価でありながら高い強度をもつ鉄は、将来も重要な役割を果たしていくとみられますが、我が国にはその原料となる鉄鉱石が出ません。ところが、私たちの生活圏には、合計14億トンもの鉄が存在します。つまり、日本中が都市鉱山なのです。そういうわけで、我が国は鉄スクラップの輸出国でもあるのです。
我が国で産出される鉄スクラップは年間約2500万トン（2019年）にのぼります。それらを

活用して新たな鋼《はがね》を生み出しているのが、電気炉メーカーです。鉄のリサイクル率は95パーセントといわれますが、それを担っているのも電気炉メーカーなのです。
製鉄といえば、高い煙突、巨大なタンク、壮大な溶鉱炉をイメージしがちですが、それは海外から鉄鉱石を輸入して巨大なプラントで製鉄を行う高炉製鉄のほうです。電気炉メーカーが行う電気炉製鋼は、地域で出たスクラップを原料に鉄製品をつくり、地域に還元するもので、輸送にともなう二酸化炭素の排出量も抑えられ、持続可能な開発目標という時代の要請に応えた「永遠の循環を担う」製鋼法といえます。

スクラップにいのちを吹き込む、炎の現場を描き出す

日本の鉄鋼技術は世界一。いかに少ない電気で鉄を溶かせたか（効率的な溶解技術）、不純物の濃度をいかに短時間で一定以下に下げるか（精錬技術）、さらにアークを効率よく飛ばす技術など、周辺技術も進んでいて海外から高く評価されています。
中でも、さまざまな不純物が混じった鉄スクラップを扱う電気炉製鋼は、経験と勘、高い技術が求められます。
その電気炉製鋼の現場に写真家が入りました。世界各国を旅して情感あふれる世界を描き出し、ここ数年は、土木建築の現場を生き生きと描いている写真家・山崎エリナ。
撮影現場を提供いただいたのは、地域で生じた鉄スクラップを元に鉄を再生し、地域に還元する循環型製鋼を長年続けてきた北越メタル株式会社（本社・新潟県長岡市。撮影現場は、本社工場と喜多方工場）。
捨てればゴミの鉄スクラップが、技術者の手によって、いのちを吹き返していく様と、その過程で見せるダイナミックで美しい電気炉製鋼の世界をご堪能ください。

集める

原料は鉄スクラップ

大型トラックで運ばれてきた原料は、鉄鉱石ではなく、鉄スクラップ。
スクラップが積まれた山には、ビルや橋などの解体で出てきた鉄骨や鉄筋のほか、自動車の廃車くず、飲料後のスチール缶、工場で発生した切断くずなどさまざま。消火器やガードレールの破片もあって、こんなものまでが…と思わされる。
「捨てればゴミになってしまう鉄くずを新しく蘇らせるのが電気炉メーカーの醍醐味、ロマン」と語る責任者に、鉄鋼マンの誇りを感じた。

構内速度15km/h以下厳守
長岡市原町二丁目二十九
産業廃棄物収集運搬車
株式会社 横山鋼鉄店
036127

溶かす

アーク放電が生み出す 1600度の世界

60トンもの鉄スクラップが投入された炉に電気が通されると、轟音《ごうおん》とともに火花が飛び散り、猛烈な勢いで炎が舞い上がる。周囲が急激に熱くなり、近づくことさえできない。
炉の中では、スクラップと電極とのあいだに雷光が踊り、アーク放電が起きているらしい。アーク熱によって鉄の温度は1600度まで上がり、液体と化す。
1600度の溶鋼の成分確認をするために長いひしゃくですくい取る技術者。気の緩みが災害に繋がる緊張の一瞬だ。

化スラグピット
中

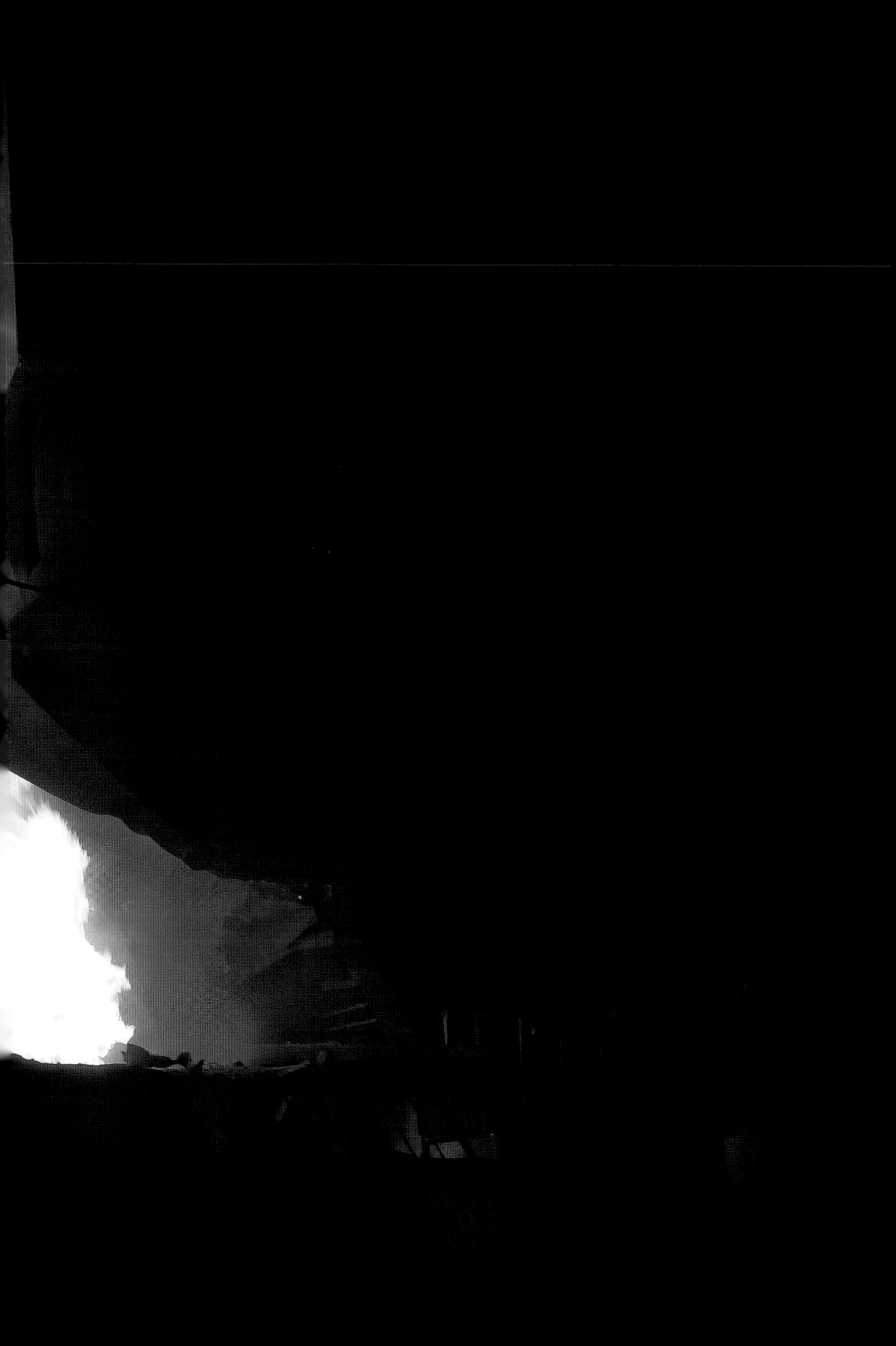

錬る

経験値がものを言う精錬技術

電気炉で溶けた鉄（鋼《はがね》）は、LF（取鍋《とりなべ》精錬炉）に移され、スクラップに含まれていた不純物が取り除かれ、逆に鋼を強くするためにマンガンなどが添加される。ここで鋼の性状が決まるため、気の抜けない工程だ。しかも、次の固めるプロセスは連続鋳造《ちゅうぞう》といって、次々と溶鋼を送り出さないと途切れてしまうため、一定時間内に行わなければならず、オペレーターには大きなプレッシャーが掛かる。この工場では、平日は10チャージ（深夜料金を使うため）、休日は20チャージ以上。事故を起こすことなく溶鋼を移動するためにチームの力がものを言う。

月度
LF副原料切出

鈴木
10
ヘレウス・

5

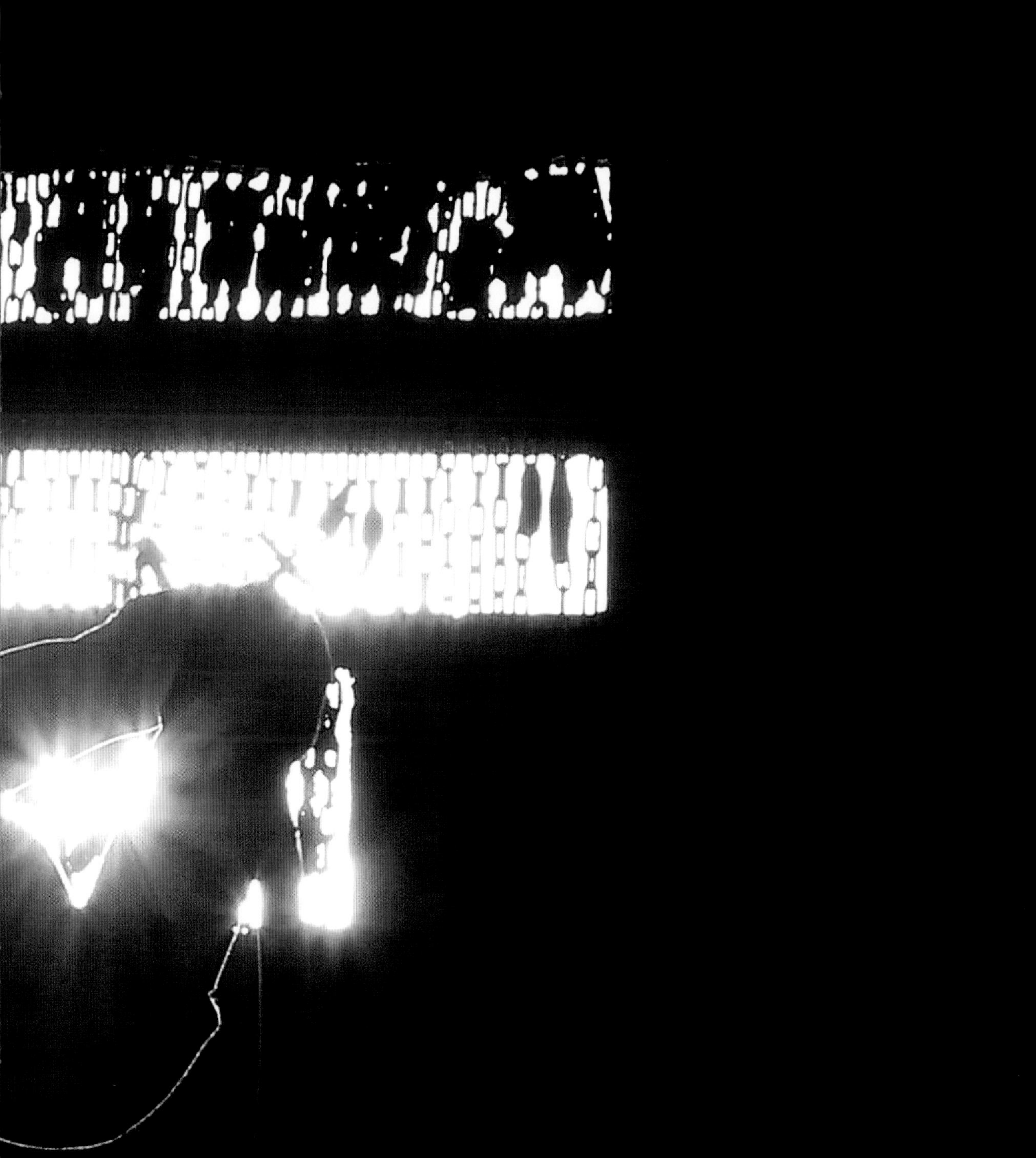

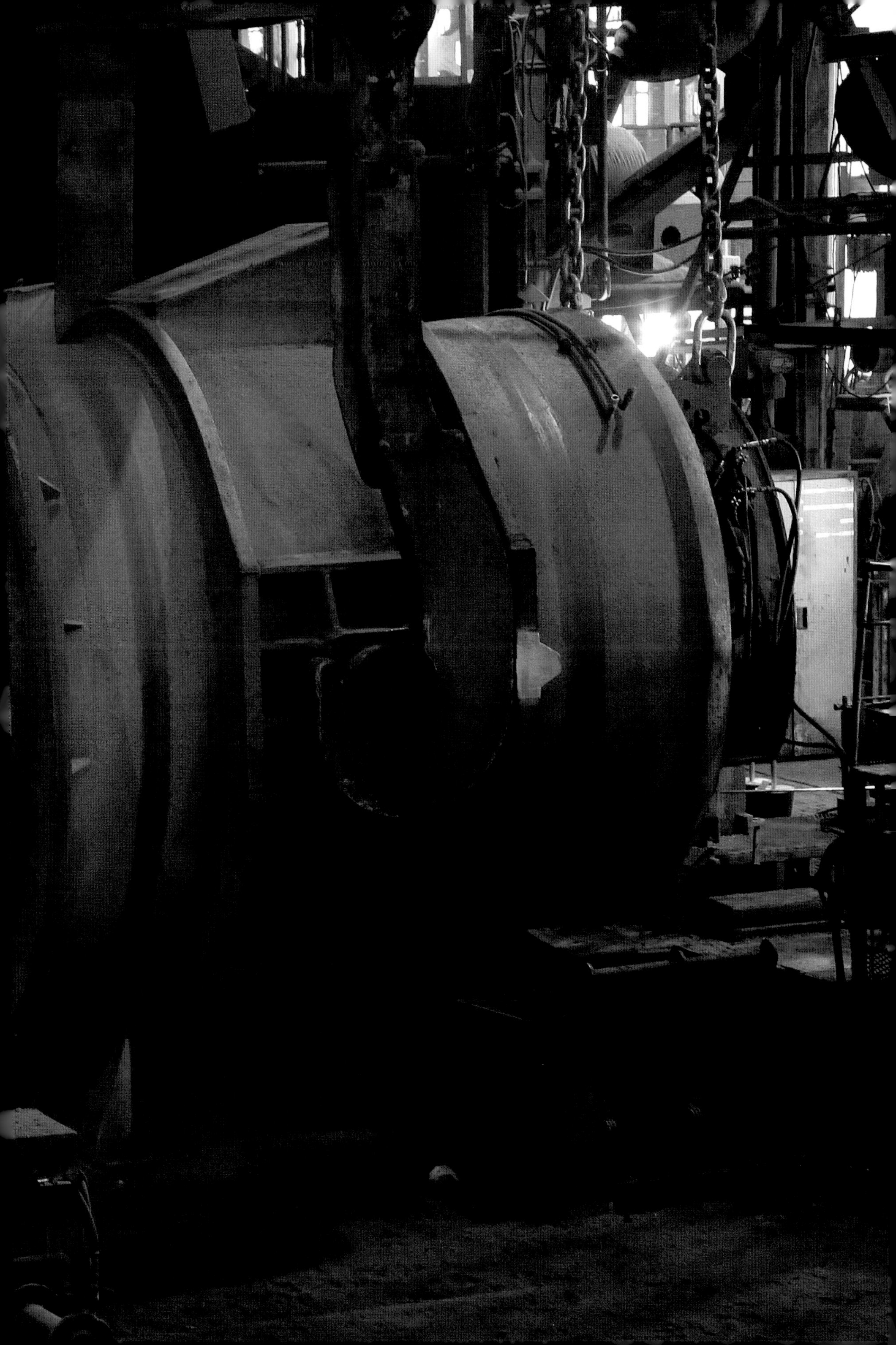

吊具置場

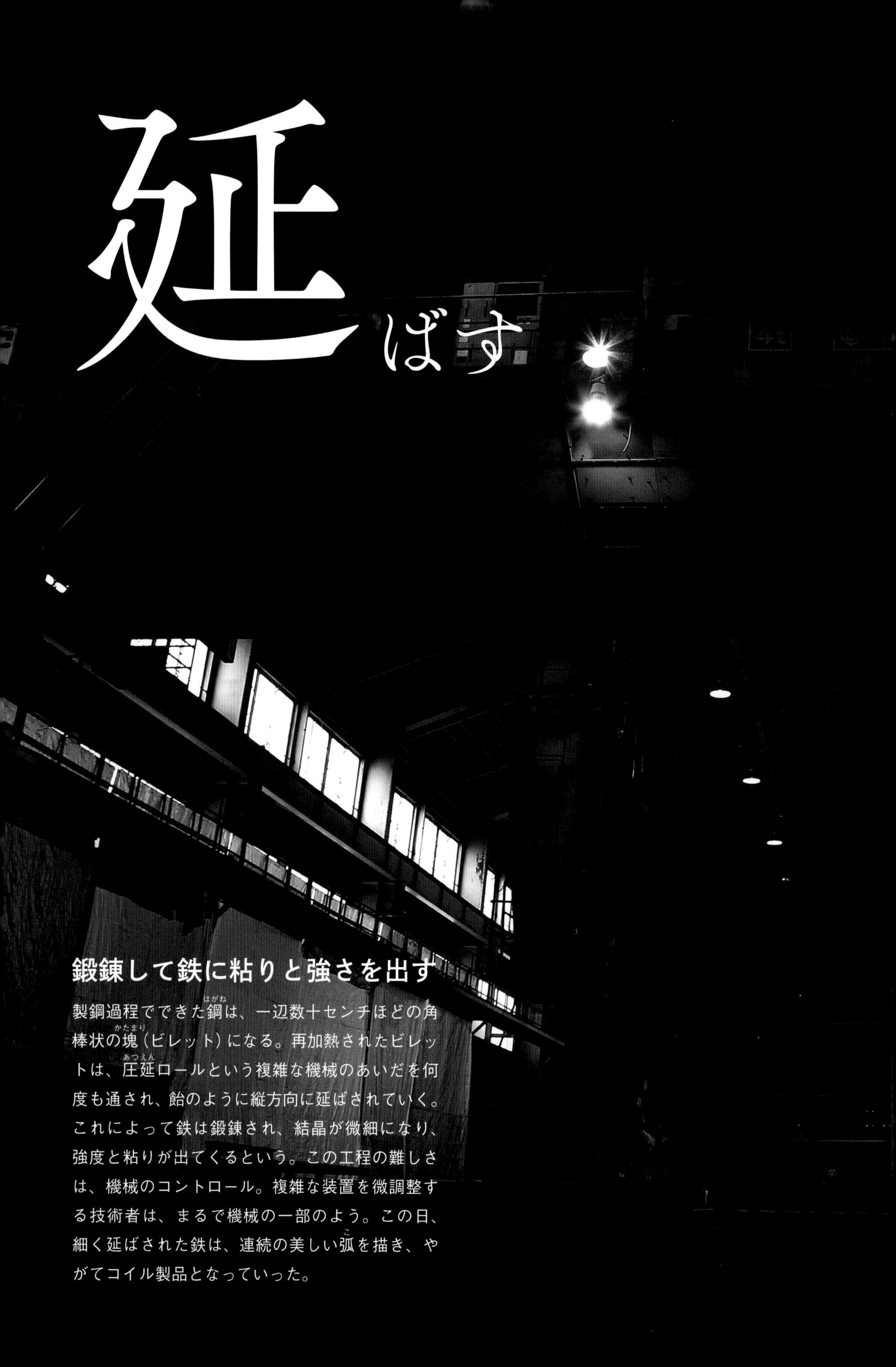

延ばす

鍛錬して鉄に粘りと強さを出す

製鋼過程でできた鋼《はがね》は、一辺数十センチほどの角棒状の塊《かたまり》（ビレット）になる。再加熱されたビレットは、圧延《あつえん》ロールという複雑な機械のあいだを何度も通され、飴のように縦方向に延ばされていく。これによって鉄は鍛錬され、結晶が微細になり、強度と粘りが出てくるという。この工程の難しさは、機械のコントロール。複雑な装置を微調整する技術者は、まるで機械の一部のよう。この日、細く延ばされた鉄は、連続の美しい弧《こ》を描き、やがてコイル製品となっていった。

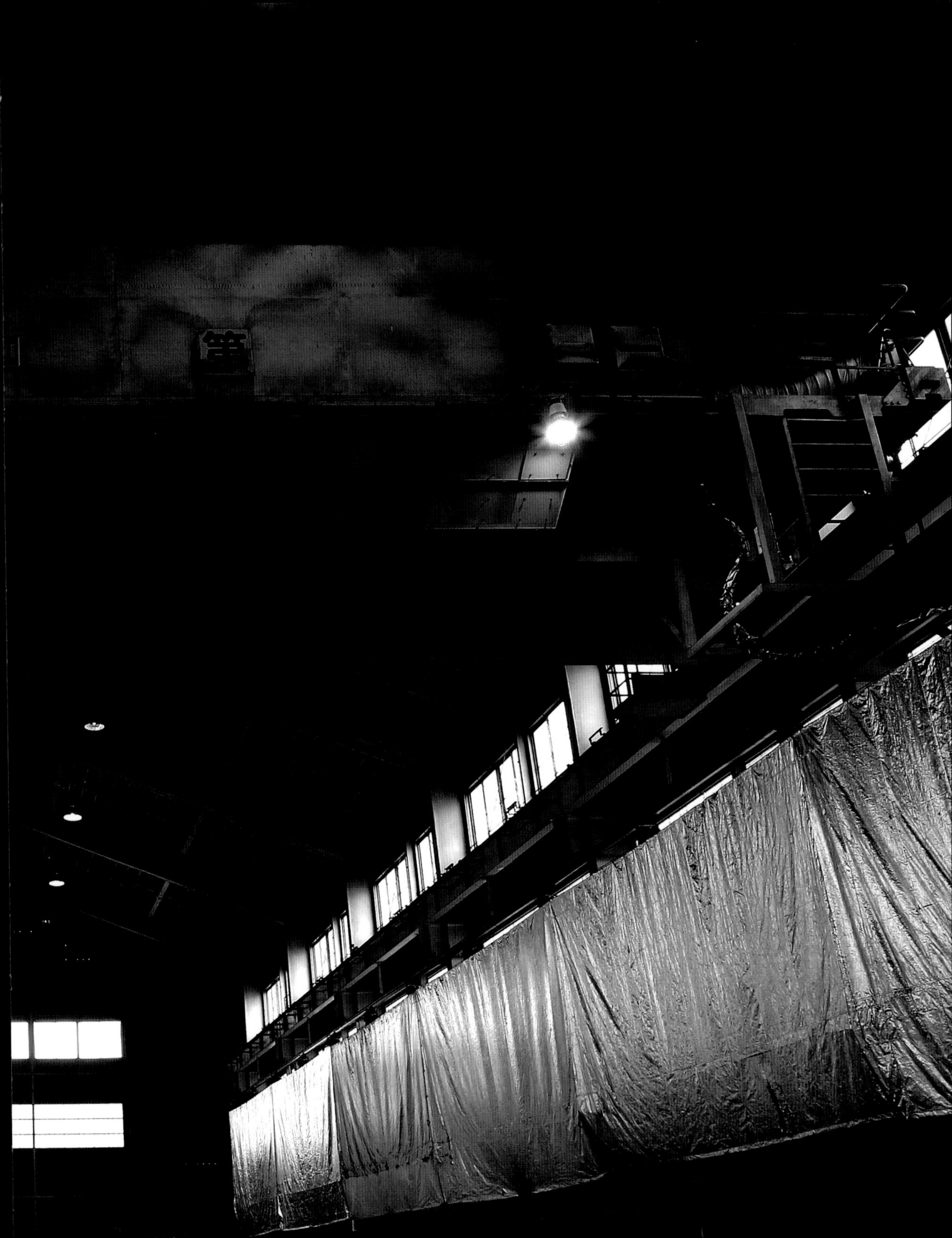

使用中
ロール

組替完了
0

KOBELCO
KOBE STEEL, LTD

玉掛作業者心得
打撃スパナ
打撃メガネ
36
55

工具使用前点検
ヨイカ！
スタンドライナー置き場
3mm
2mm
1mm
1mm
M1-22.7

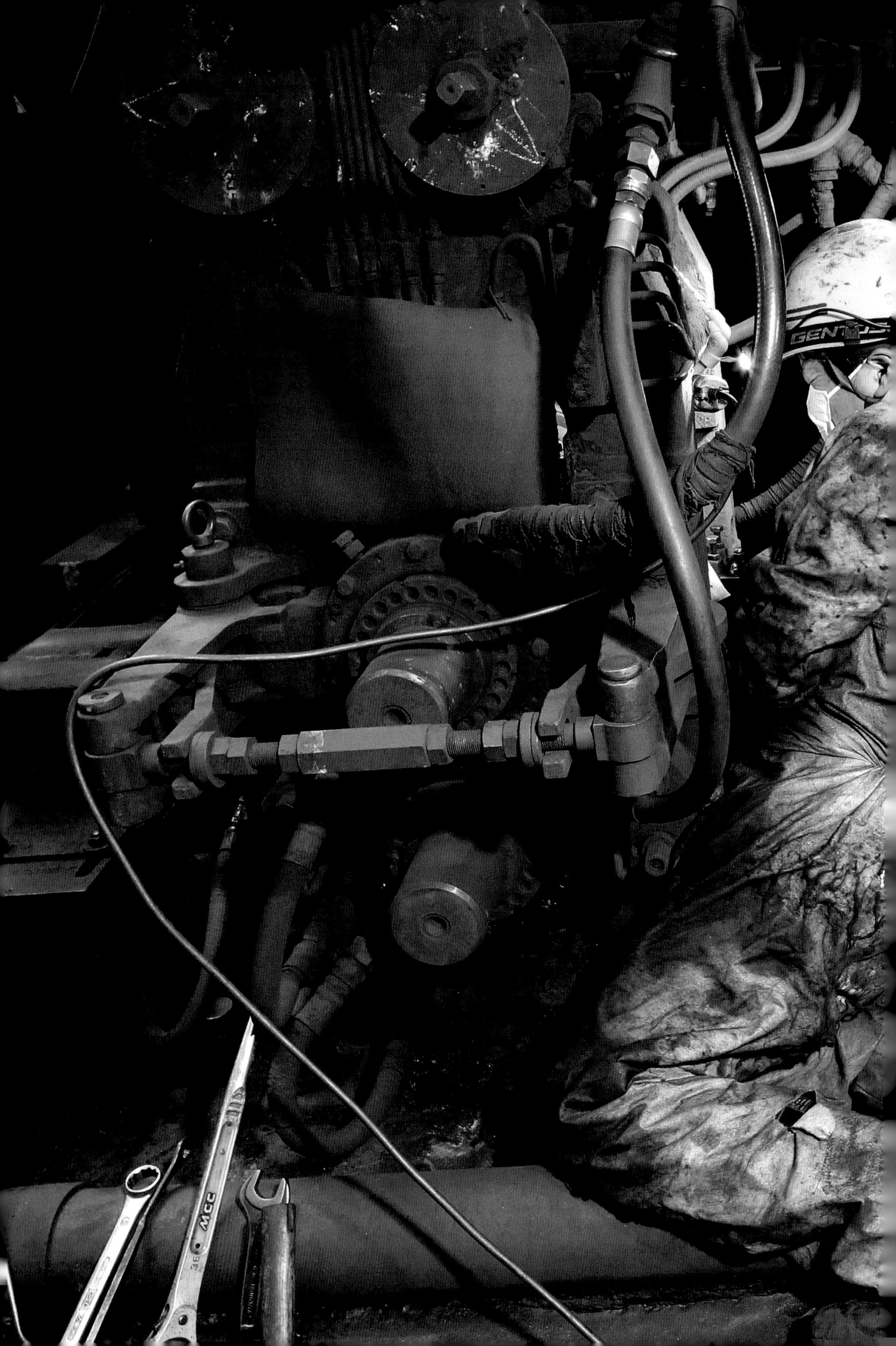
MCC

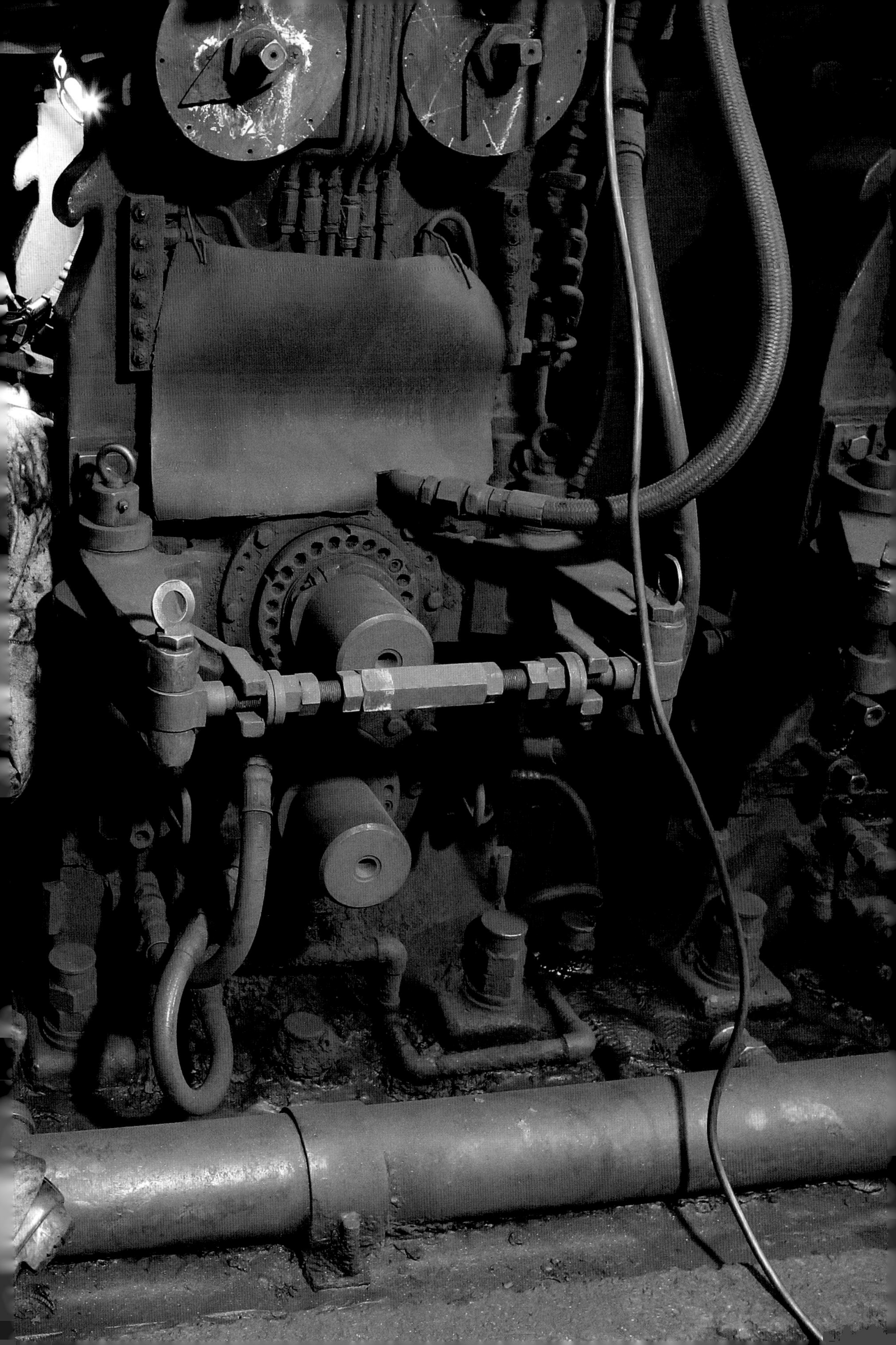

注文カード

部数　　　部

鉄に生きる
サステナブルメタル
電気炉製鋼の未来
山崎エリナ

グッドブックス

9784907461294

ISBN978-4-907461-29-4
C0072 ¥2200E

TEL 03(5283)2230
FAX 03(3294)2177

定価2420円
(本体2200円+税10%)

グッドブックス
TEL 03(6262)5422
FAX 03(6262)5423

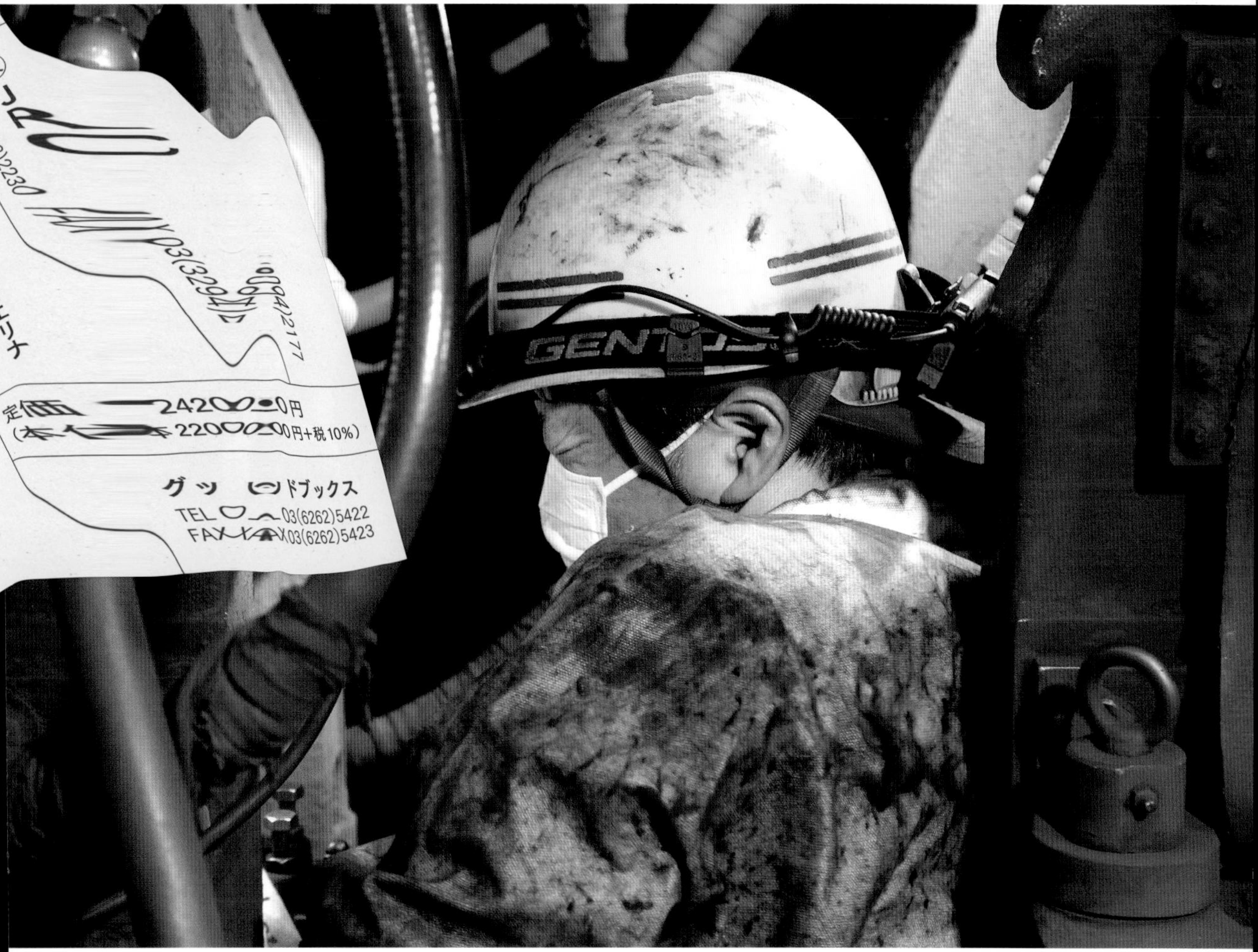

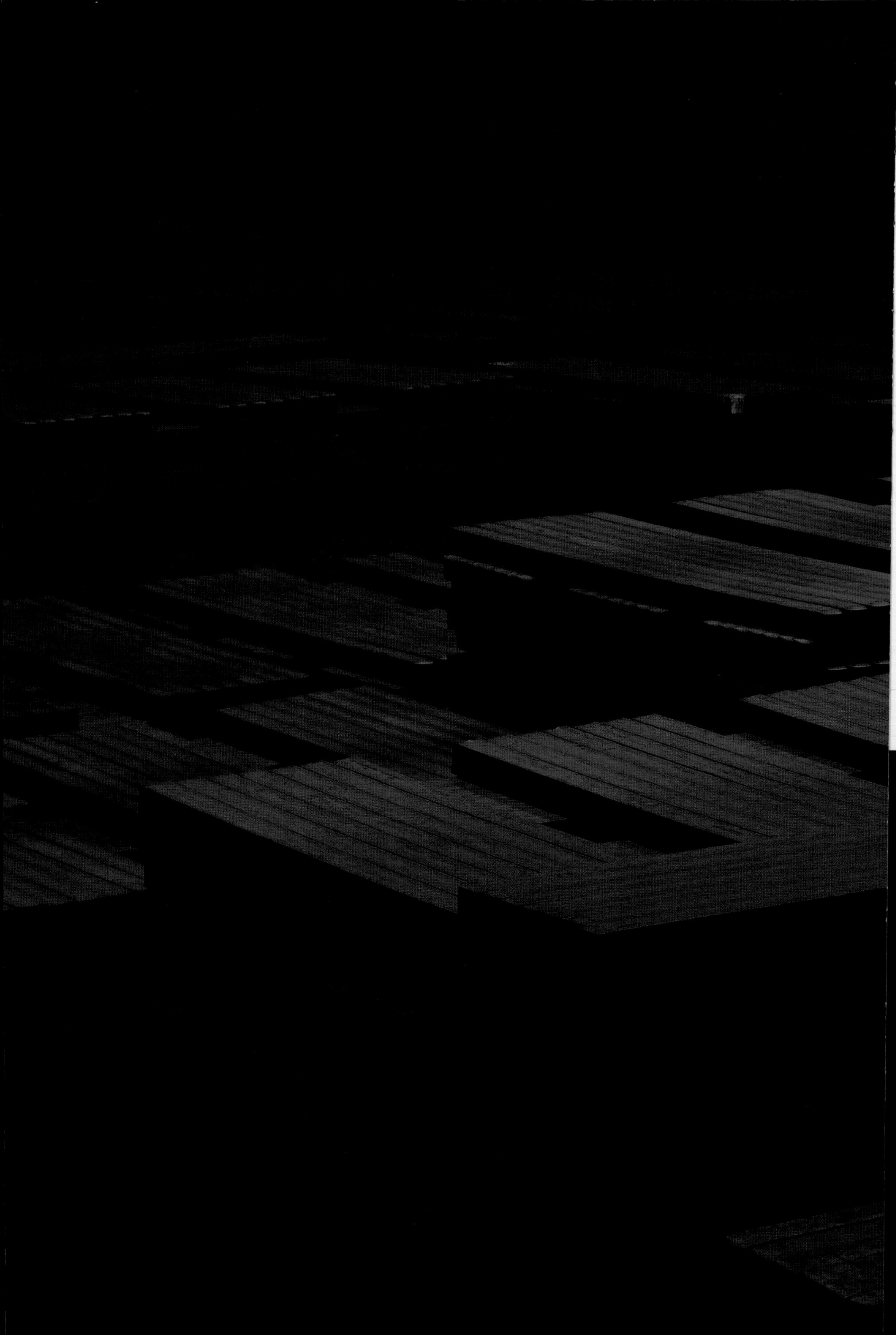

鉄に生きる サステイナブルメタル 電気炉製鋼の世界

グッドブックス

山崎エリナ

ISBN978-4-907461-29-4
C0072 ¥2200E

定価2420円
(本体2200円+税10%)

グッドブックス
TEL 03(6262)5422
FAX03(6262)5423

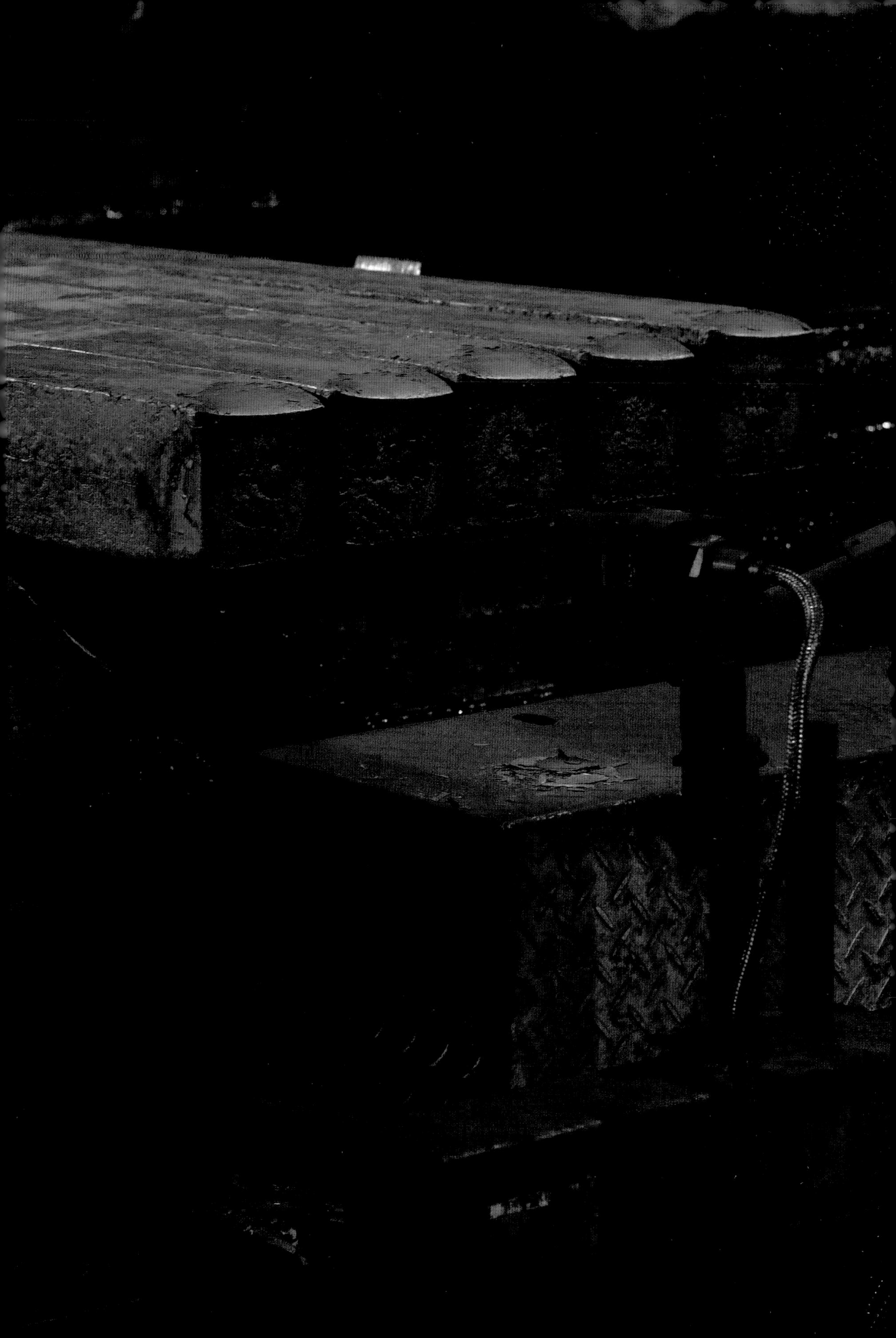

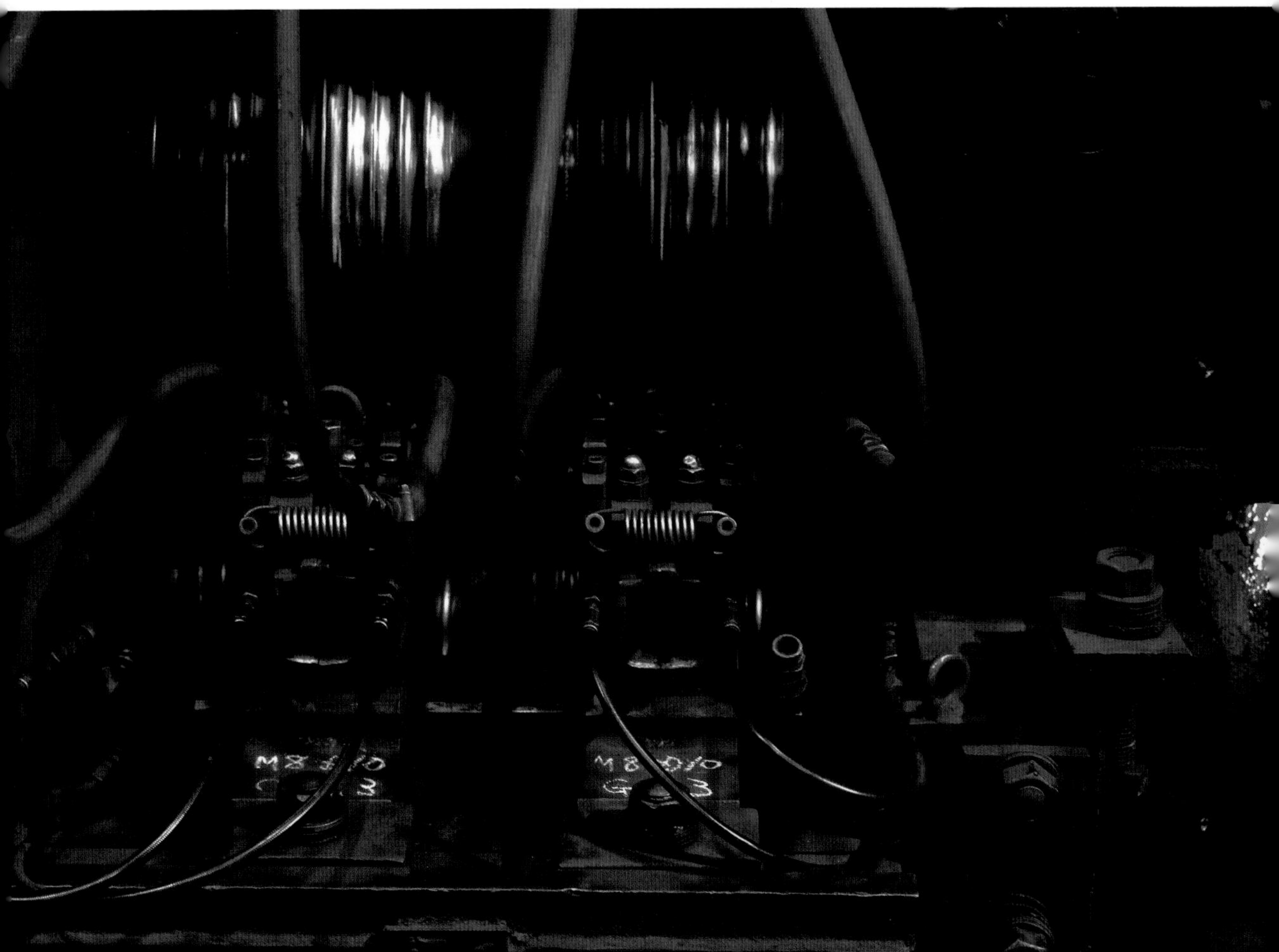

OK

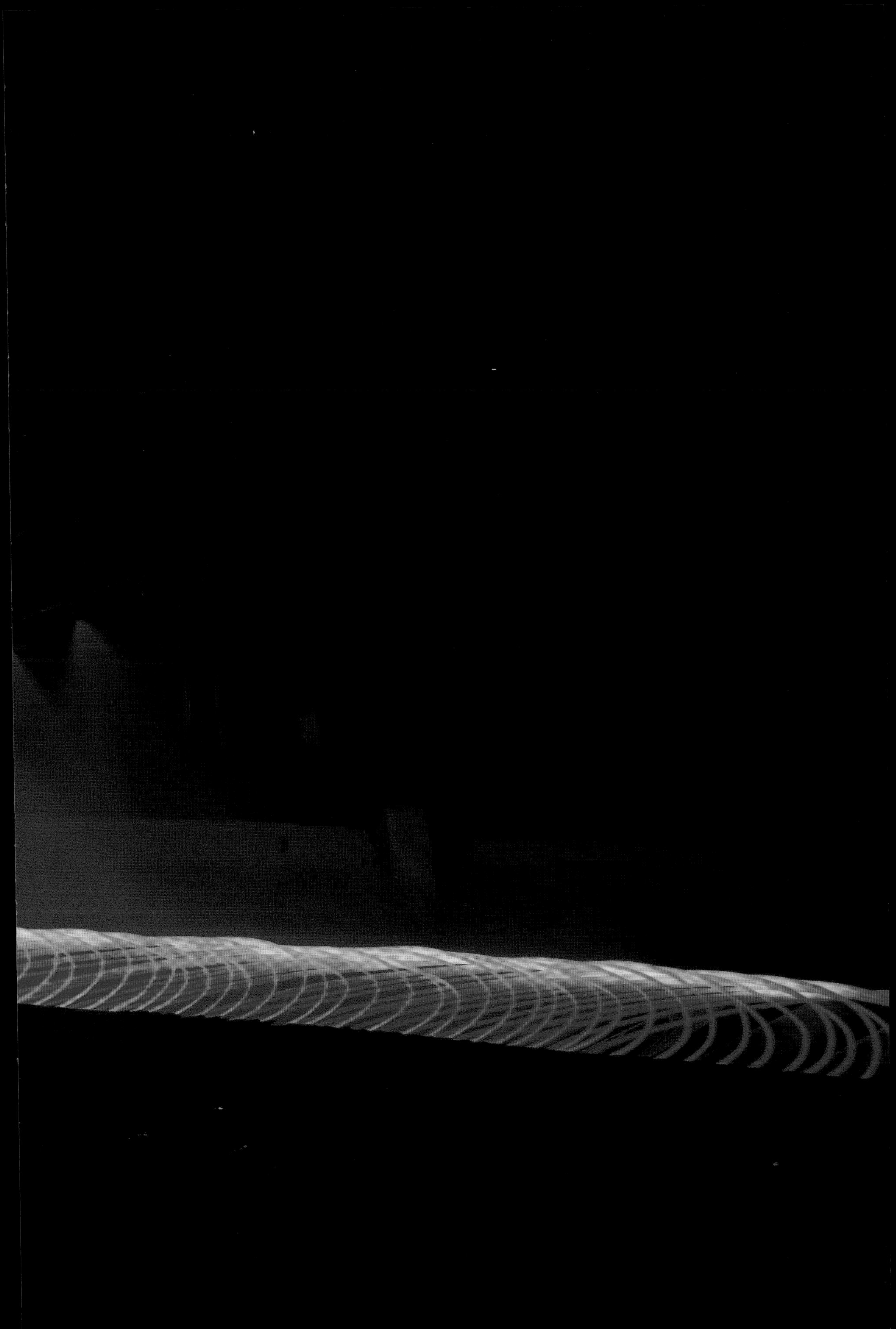

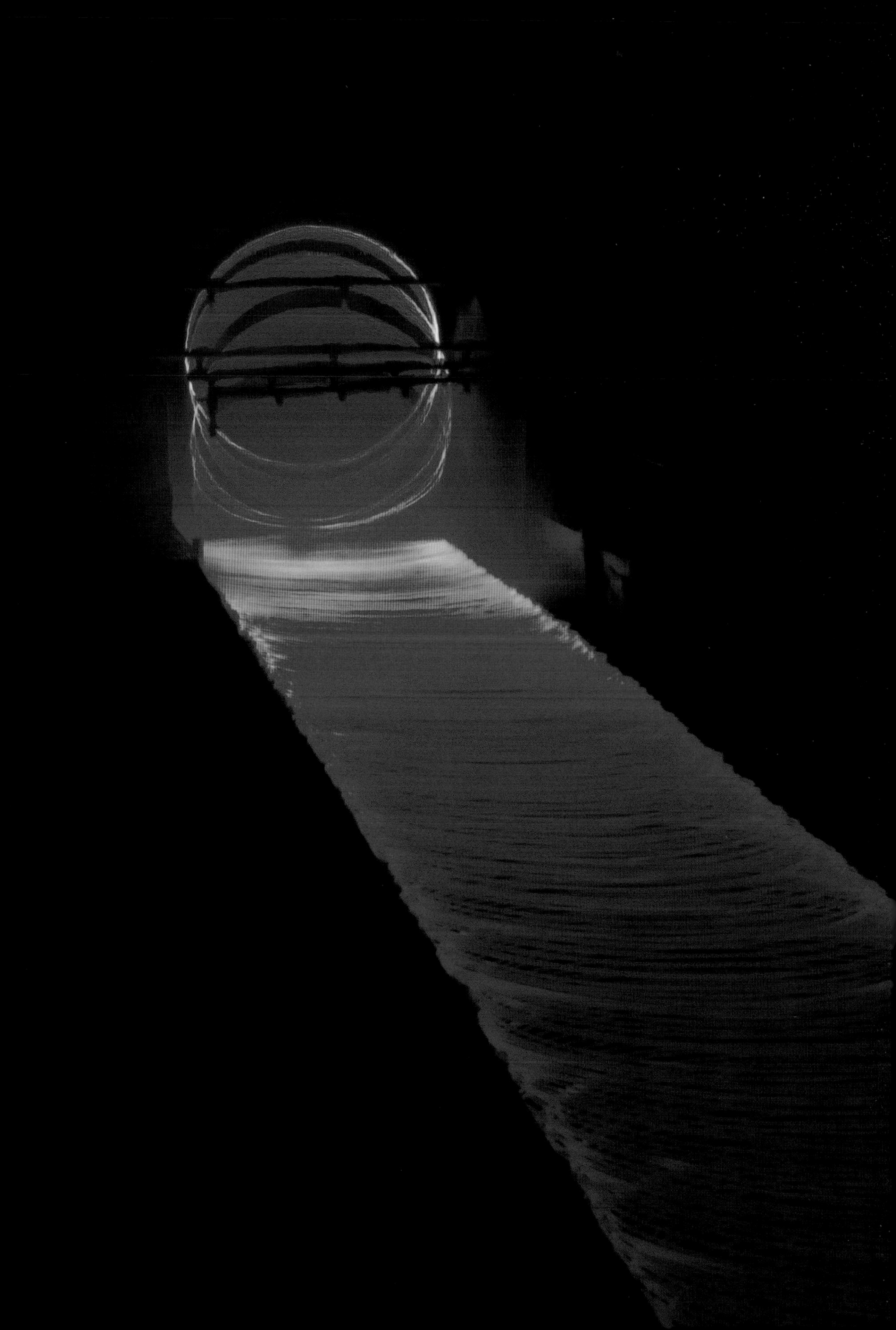

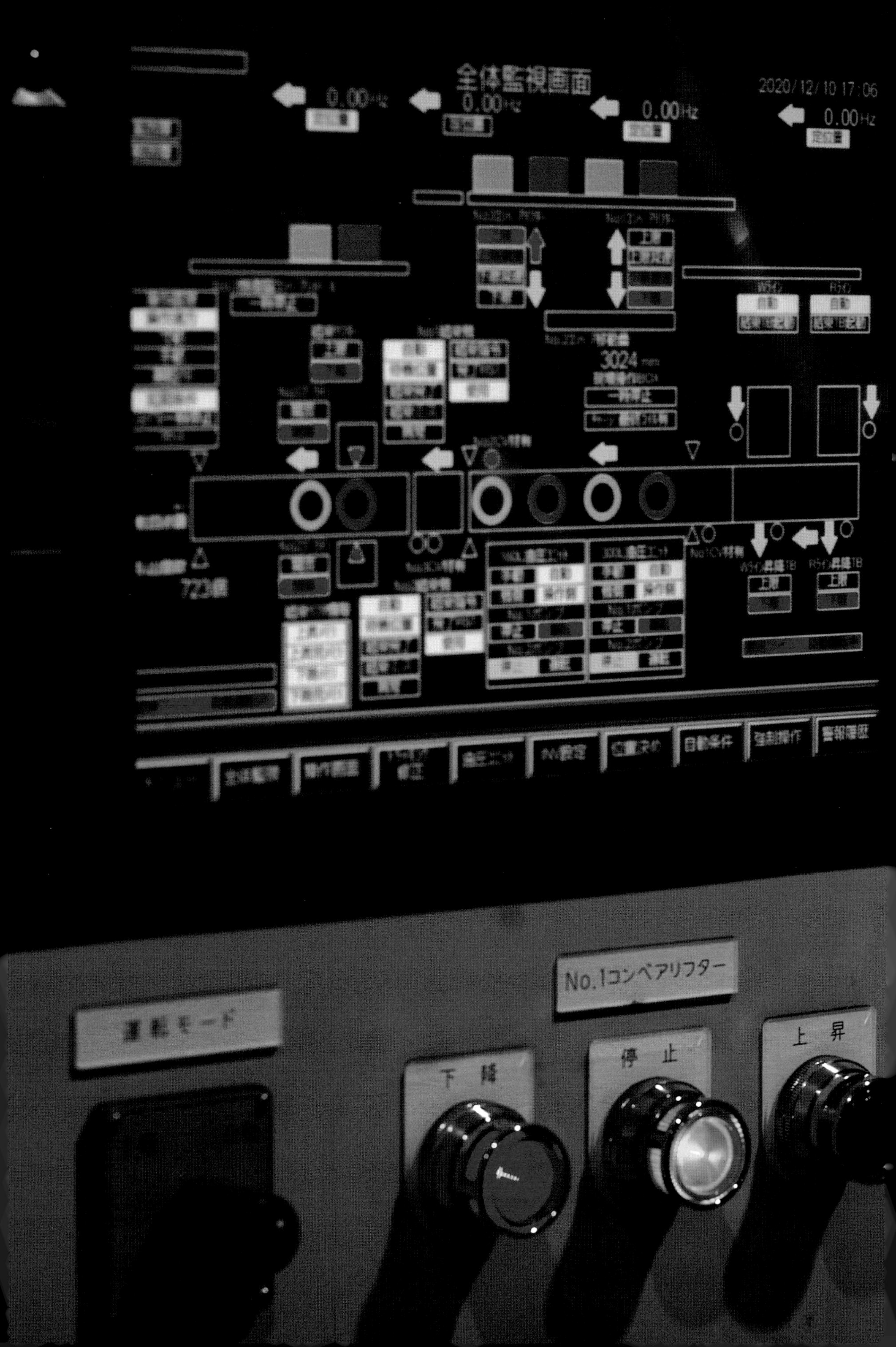
全体監視画面
2020/12/10 17:06
0.00Hz
0.00Hz
0.00Hz
0.00Hz
3024 mm
723個
全体監視
INV設定
位置決め
自動条件
強制操作
警報履歴
運転モード
No.1コンベアリフター
下降
停止
上昇

手動
自動
スイング装置
停止
運転
フラップ
閉
LS短絡
開
マンドレル
下降
上昇
プッシャー
前進
後退

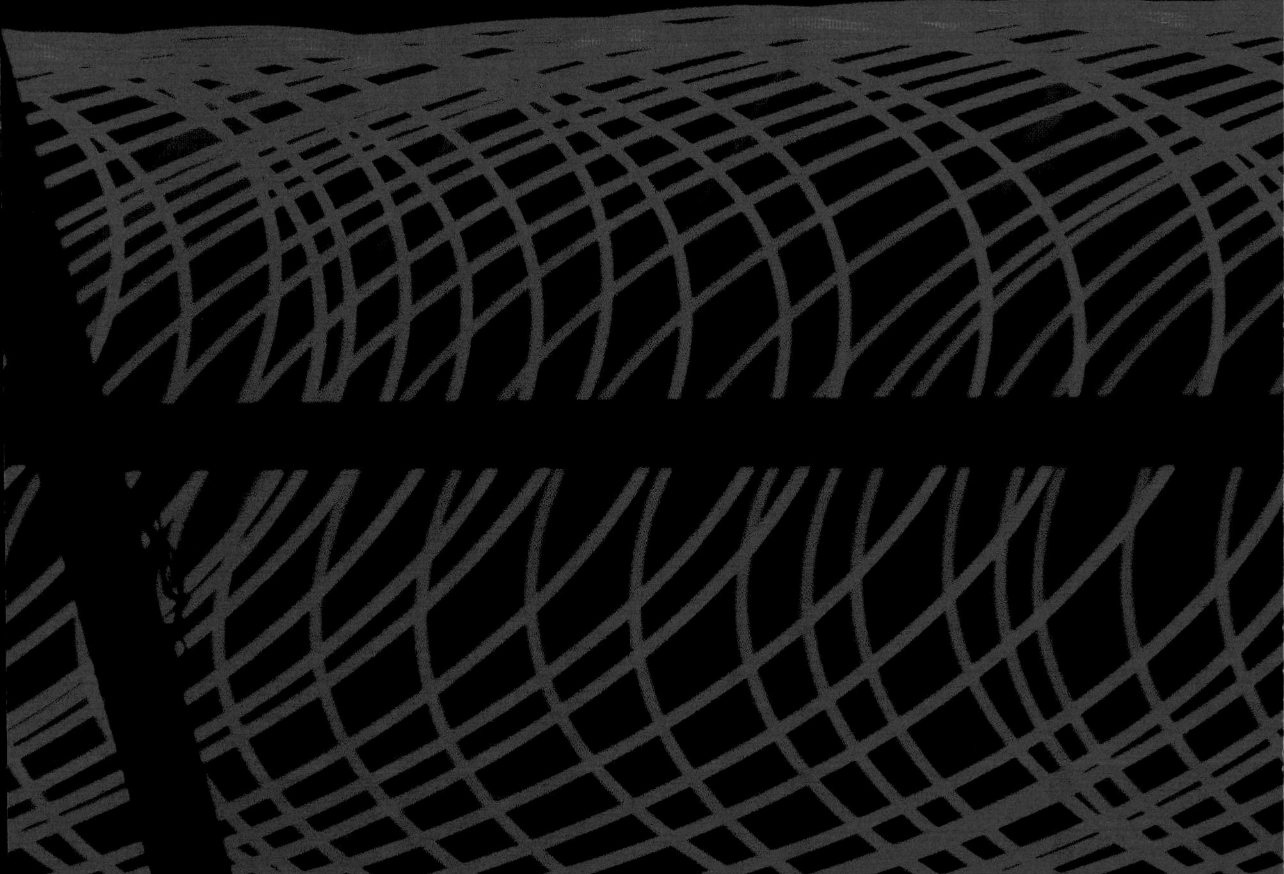

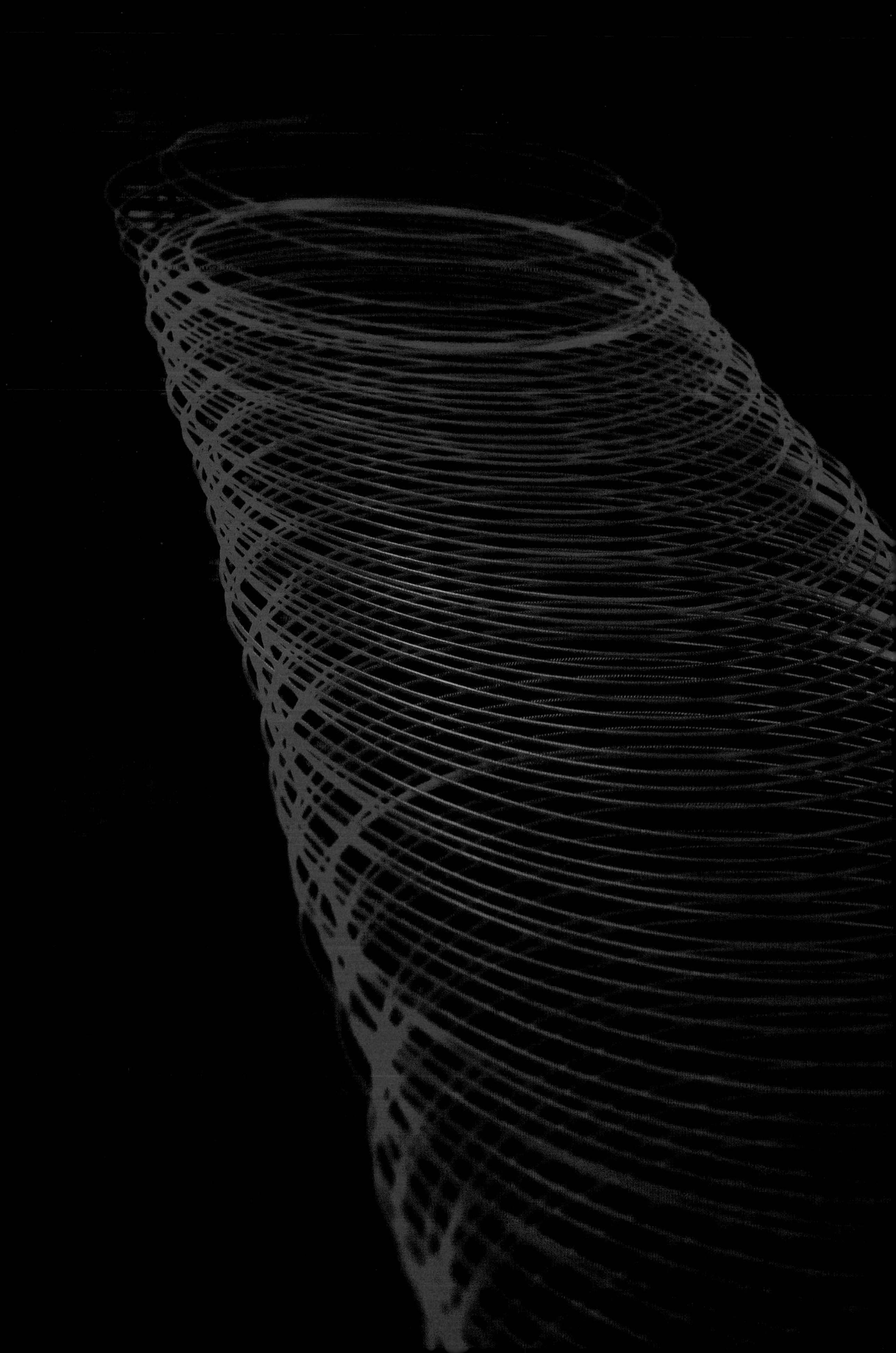

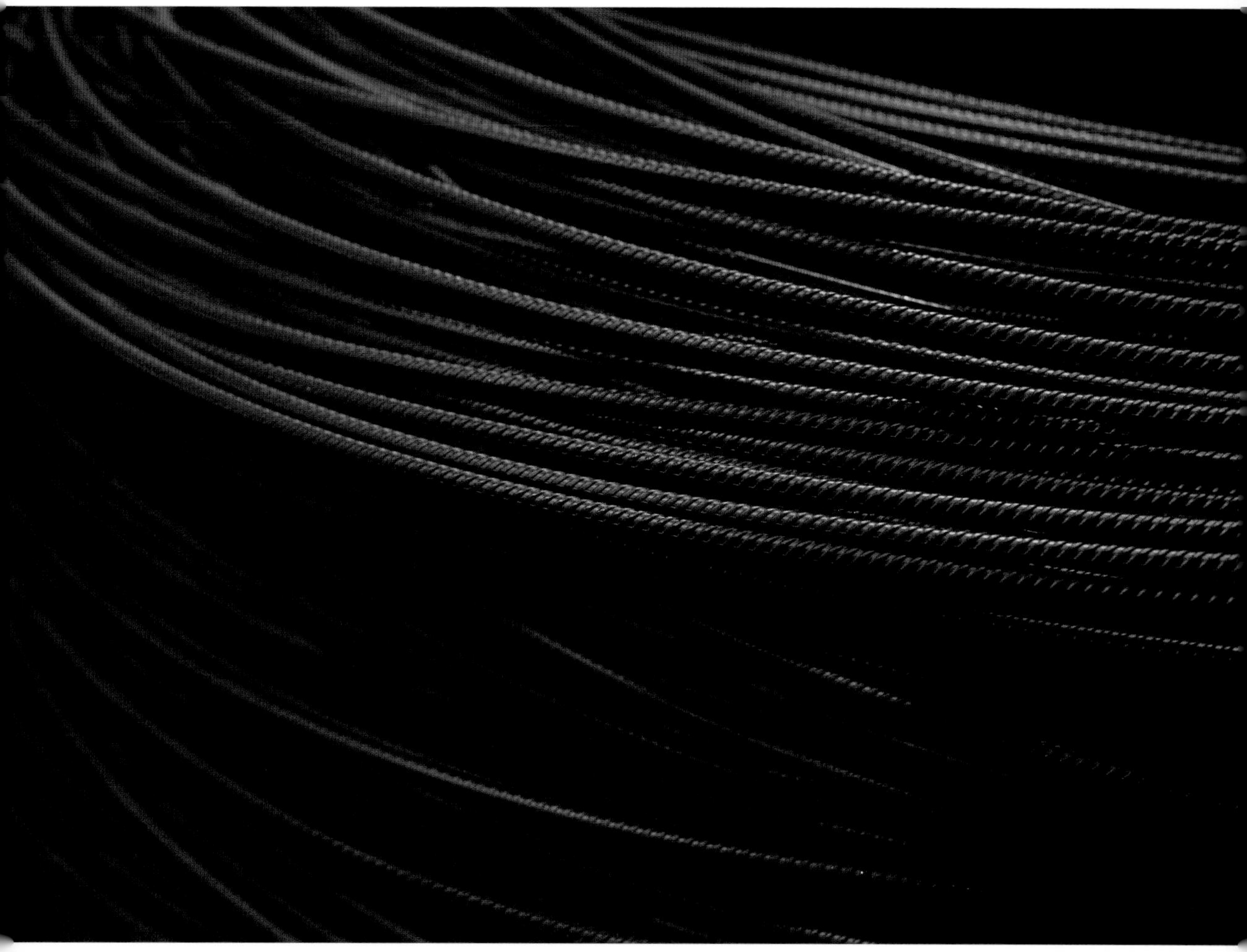

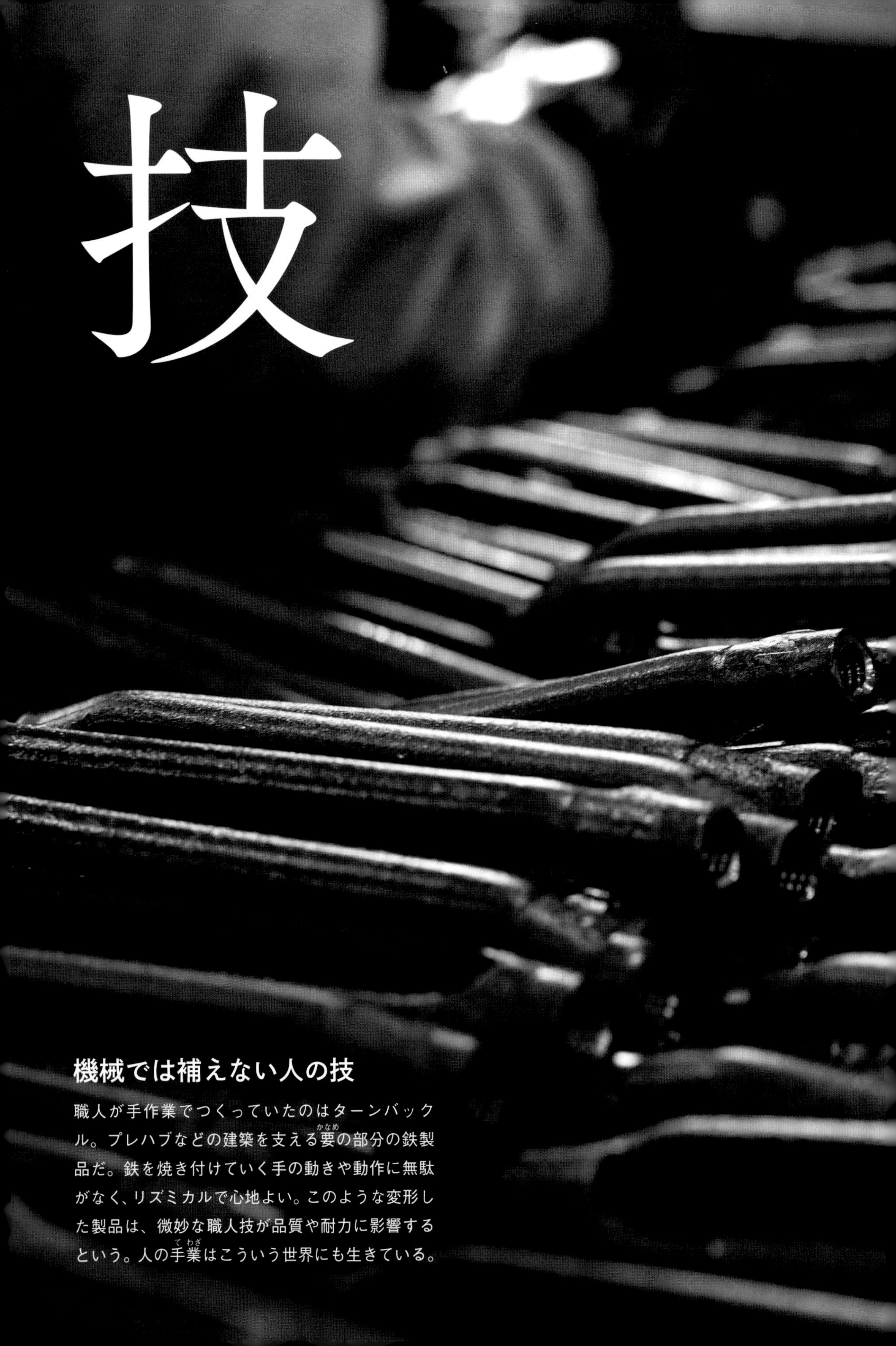

技

機械では補えない人の技

職人が手作業でつくっていたのはターンバックル。プレハブなどの建築を支える要《かなめ》の部分の鉄製品だ。鉄を焼き付けていく手の動きや動作に無駄がなく、リズミカルで心地よい。このような変形した製品は、微妙な職人技が品質や耐力に影響するという。人の手業《てわざ》はこういう世界にも生きている。

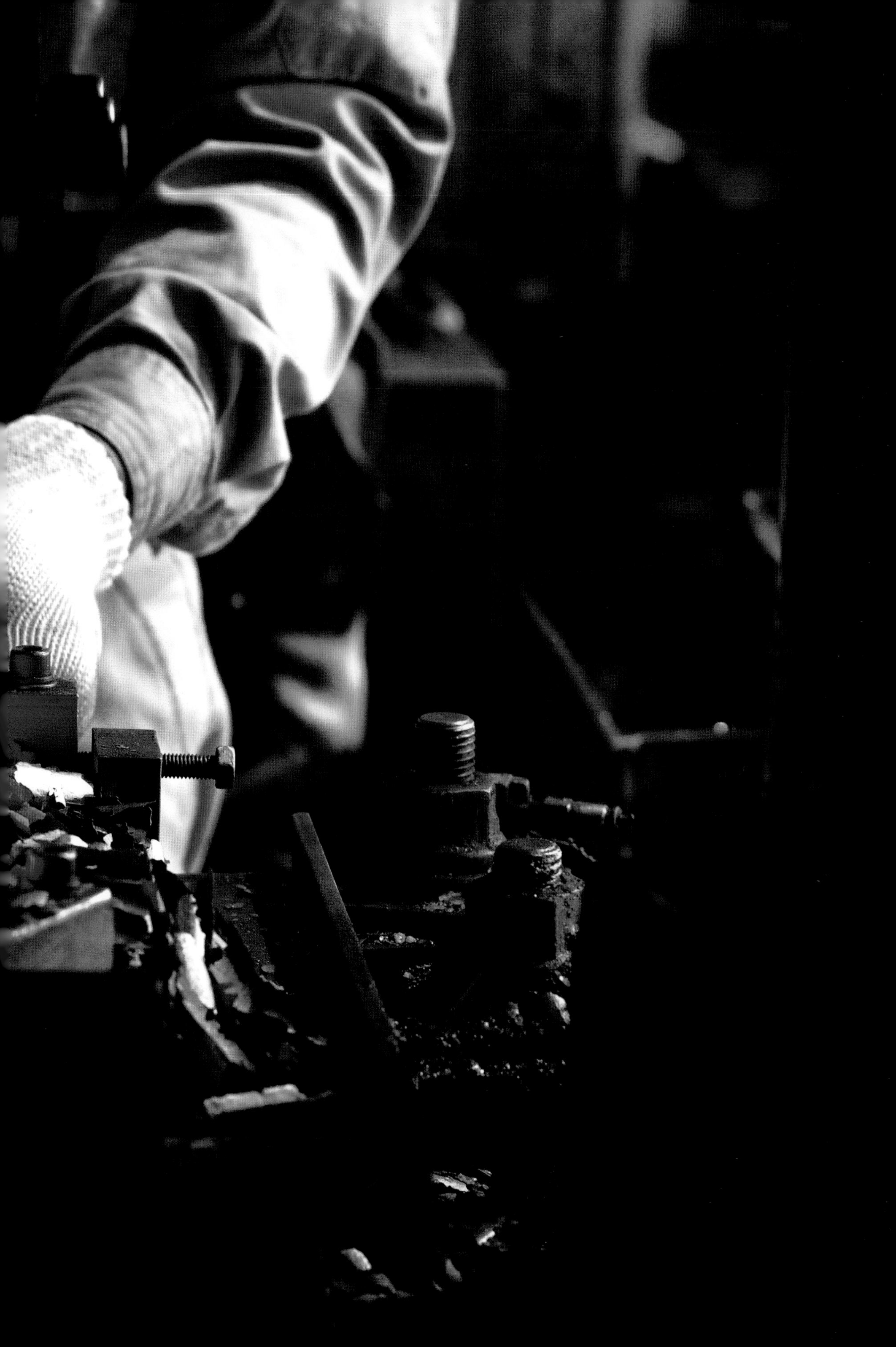

CH22

NO.4 PSA 酸素
NO.3 PSA 酸素
NO.2 PSA 酸素
液化酸素
液化酸素

安 全

一
タル

［写真解説］

電気炉製鋼　鉄がよみがえるまでの工程と技術

スクラップトレーラー

鉄スクラップは、主に地域内で発生したものを地域で消費（再利用）する。1台に20トン前後の鉄スクラップが積まれており、写真は、これからゲートを通り、計量と放射線を測定し、安全性を確認する様子。

リフティングマグネット

運ばれてきた鉄スクラップをトレーラーの荷台から磁石の力で引き上げ、スクラップヤードの置場へ移動させる。一口に鉄スクラップといっても品位ごとに置場を分けて管理しており、素早く、かつ安全に荷卸しするのがクレーン士の腕の見せ所である。

スクラップバケット

電気炉に鉄スクラップを装入するため、鉄スクラップバケットをクレーンで移動させる。鉄スクラップは複数回に分けて装入するが、写真は追加装入時の様子。

スクラップ装入

スクラップバケットの底が左右に開き、鉄スクラップが電気炉内に装入されている様子。勢いよく炎が舞い上がる。

サンプル採取

電気炉から出鋼された溶鋼をひしゃくで掬《すく》っているところ。この後、成分を確認し、取鍋《とりなべ》精錬時に必要な合金鉄などの投入量を決める。

排滓《はいさい》作業

鋳込《いこ》み終了後、残ったスラグ（不純物）を取り出しているところ。写真のスラグは還元スラグといい、この後、約50%がセメントの原料や路盤材、土壌改質剤などにリサイクルされる。

取鍋整備①

排滓作業後、取鍋内に付着している鉄とスラグ（不純物）に酸素を吹き付けて除去しているところ。この後、スライディングノズル（溶鋼の抽出口）の取り替え、ポーラスプラグ（取鍋内の溶鋼を攪拌《かくはん》するためのガスを吹き込むプラグ）の取り替えを行う。

タンディッシュ洗浄

タンディッシュ（取鍋から溶鋼を受ける皿）の中、表面に付着した鉄やスラグ（不純物）に酸素を吹き付けて除去している。その後、冷えたら残った鉄とスラグを完全に取り除き、耐火物を吹き付けて次の操業に備える。

取鍋整備②

取鍋の耐用回数を伸ばすために、耐火レンガの損耗した部分に、耐火物を吹き付けて補修を行っているところ。操業終了後は取鍋をバーナーで予熱し、次の操業に備える。

指令室

圧延《あつえん》ラインの監視、各圧延機の回転調整を行い、各セクションの連絡も取りまとめている。鋼材の動きを注視し、安定的な鋼材品質となるよう監視を行っている。

道具

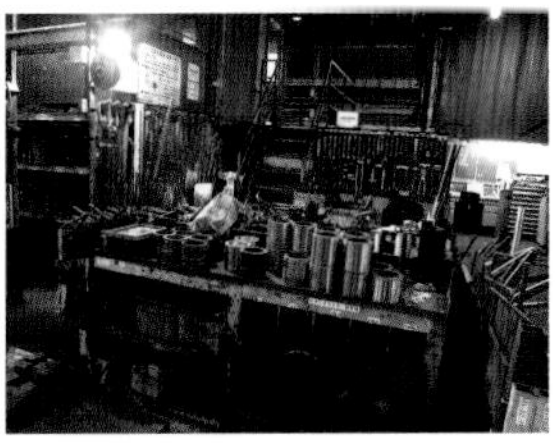

圧延を安定して行い、より良い製品を製造するために道具の管理を行っている。圧延機へと正しい姿勢で鋼材を誘導するローラーガイドの組み立てや、サイズごとに異なる圧延機のギャップ調整や付属品の入替えなど、生産サイズに合わせた準備を行う。

圧延機整備

圧延開始に備え、圧延機のガイド（附属品）をセッティングしている。取付けや組み立てには精度が求められ、安定した品質を維持するには整備作業時の取付け寸法確認、部品の状況把握などが必要不可欠である。

鋳片《ちゅうへん》（ビレット）

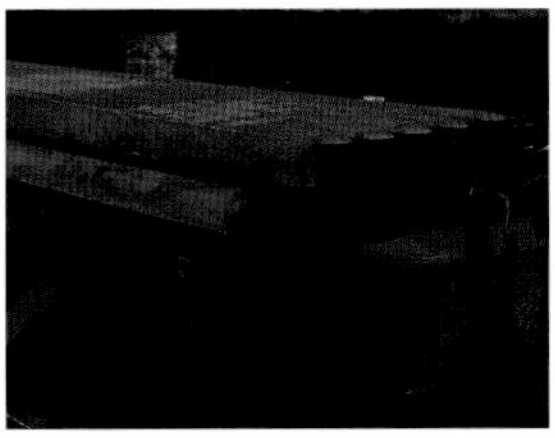

製鋼工場から送られてきた鋳片を用いて、圧延を行う。外観では判断しづらいが、鋳片は最終製品の規格により成分範囲が決められており、それぞれ鋼種、溶鋼番号、重量などを細かく管理し、運用を行っている。

鋳片（ビレット）２

鋳片は加熱炉で圧延可能な温度まで温められ、この後圧延工程で棒鋼、バーインコイル、形鋼などの鉄鋼素材製品がつくられていく。加熱炉からの抽出温度や鋳片表面の輝度によって焼け具合を判断し、加熱炉の温度管理を行っている。

タンデム圧延

圧延機が直線に配列され、鋼材を圧延機に通過させながら複数種類ある製品構成から規格によって定められた形状寸法へと圧延を行っている。

バーインコイル

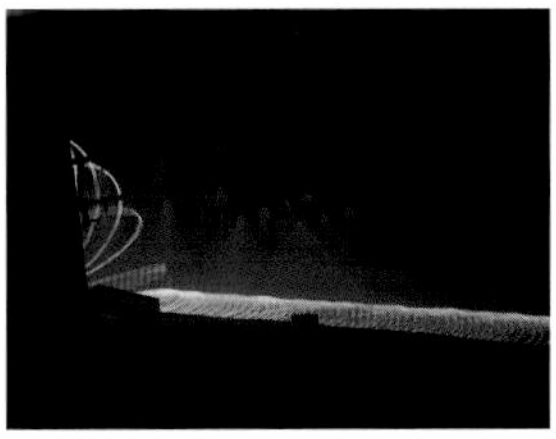

ループレイヤーという機械で（圧延された鋼材を）コイル状にしている。スプレイヤー（水冷）による製品冷却によって、表面のスケール性状を安定させ、外観品質を維持している。

操作盤

製品搬送状況を確認するトラッキング装置により操業状況を把握し、必要に応じて作業者による手動操作を行っている。機械操作時には安全を確認し、事故の発生を起こさないことを心掛けている。

鍛造

決められた長さに切断された材料を加熱し、材料の中央部をプレス機で割るところ。専用の治具を巧《たく》みに操り、表・裏と返しながら形を整える熟練の技が光る。

ねじ加工

鍛造（割り・頭打ち）、研磨、メッキ加工した後に、ねじ加工をする。その後、製品検査・梱包し、お客様に届けられる。

あとがき

電気炉鉄鋼の世界と出会い、撮影する中で衝撃的だったのは、「炎」でした。
原料となる鉄スクラップの山の中に、消火器やガードレールなど日常目にする鉄くずを発見したときには、不思議な気持ちになりました。
そのスクラップが炉に投入され、電気が通された瞬間、爆音とともに、ものすごい勢いで吹き上げる炎に、ただただ圧倒されました。炉の中は1600度といいますから、私のいるところも、かなりの温度です。この迫力を閉じ込めたい！と、前のめりになってシャッターを押し続けるものの、火の粉が飛んでくるわ、頬が焼けるように熱くなるわで、恐怖さえ覚えました。もうこれ 以上前には行けない、でも行きたい。ジレンマと闘いながらも「すごい、すごい」と言いながら、炎に食らいついていきました。
この炎の先の工程では、鉄にいのちを注ぎ込む人々の姿、技術者たちの信念が鉄に宿っていくように見えました。本書には掲載できなかったのですが、工場長はじめ、鉄製品を造る人、管理・検品・計測する人、鉄鋼を束ねる人、運ぶ人など、お一人お一人の鉄と向き合う「眼差し」がとても印象的でした。こうした技術者の細やかな目や、巧みな手を経て、強靭な鉄鋼になり、私たちの暮らしを支えてくれているのだと知りました。
ファインダーから覗き、切り撮った一瞬には、現場で感じた驚き、鉄と向き合う人たちの真っ直ぐな姿勢を閉じ込めています。

実はこの撮影に携わる上で、不思議なご縁がありました。2019年4月某大型書店で開催した写真集出版記念「インフラメンテナンス写真展」に、本書の舞台となった北越メタルの役員の方がたまたま足を運ばれたのです。そこで写真集『インフラメンテナンス』をご覧になって、「こんな写真集が欲しかった！と感激して連絡しました」と、お声がけいただき、そのご縁で、撮影が実現しました。
さらに、2020年6月出版の写真集『トンネル誕生』の中に、なんと、北越メタルの社員の方と鉄鋼製品が写っていたのです。ご縁がこのように連鎖し、つながっていたとは思いもよりませんでした。
こうしたご縁がつないだ写真集『鉄に生きる　サスティナブルメタル　電気炉製鋼の世界』。作業中に快く撮影にご協力いただきました皆さま、製鋼の工程など何もわからない私を優しくサポートいただいたスタッフの皆さまに、心から感謝申し上げます。

私たちの身近にある鉄。鉄スクラップがよみがえっていく様、そこに携わる人たち。写真を通じて、大切な何かを感じていただけたら幸いです。

写真家　山崎エリナ

山崎エリナ
（やまさき・えりな）

写真家　兵庫県神戸市出身。1995年渡仏、パリを拠点に3年間の写真活動に専念する。40ヵ国以上を旅して撮影を続け、エッセイを執筆。帰国後、国内外で写真展を多数開催。海外での評価も高く、ポーランドの美術館にて作品収蔵。第72回アカデミー賞にて名誉賞を受賞した映画監督アンジェイ・ワイダ氏からもその作品を高く評価された。ダイオウイカで話題になった自然番組・NHKスペシャル「世界初撮影！深海の超巨大イカ」（菊池寛賞受賞）では、スチールカメラマンとして同行し深海撮影。2018、19年には「インフラメンテナンス写真展」を福島、仙台、東京ビッグサイトにて開催。橋梁、トンネル、道路のメンテナンス現場を撮影した写真集を発刊。これら一連の活動に対して、インフラメンテナンス大賞優秀賞（国土交通省）を受賞。写真集に、『アイスランドブルー』（学研）、『サウダージ』（初版 ピエブックス）、『千の風 神戸から』（学研）、『ただいま おかえり』（小学館）、『アンブラッセ〜恋人たちのパリ〜』（ポプラ社）、『三峯神社』、『インフラメンテナンス〜日本列島365日、道路はこうして守られている』、『Civil Engineers 土木の肖像』、『トンネル誕生』（以上、グッドブックス）がある。
山崎エリナオフィシャルサイト http://www.yamasakielina.com

撮影協力　北越メタル株式会社（新潟県長岡市本社工場、福島県喜多方工場）
執筆協力　棚橋 章（北越メタル株式会社 代表取締役社長）

撮影現場　新潟県長岡市、福島県喜多方市

鉄に生きる

サステイナブルメタル　電気炉製鋼の世界

2021年4月20日　初版発行

撮　影　山崎エリナ

装　幀　長坂勇司（nagasaka design）

編集人　良本和惠
発行人　良本光明
発行所　株式会社グッドブックス
電 話　03-6262-5422
FAX　03-6262-5423
HP　https://good-books.co.jp

印刷・製本　精文堂印刷株式会社

ISBN978-4-907461-29-4